FORSCHUNGSBERICHTE DES LANDES NORDRHEIN-WESTFALEN

Nr. 2007

Herausgegeben im Auftrage des Ministerpräsidenten Heinz Kühn
von Staatssekretär Professor Dr. h. c. Dr. E. h. Leo Brandt

DK 621.383.084.2
   677.061.1:311.15

Prof. Dr.-Ing. Dr.-Ing. E. h. Walther Wegener, F. T. I.
Dipl.-Ing. Reinhard Hedwig

Institut für Textiltechnik der Rhein.-Westf. Techn. Hochschule Aachen

Selbsttätig registrierendes Gleichmäßigkeitsprüfgerät mit fotoelektrisch arbeitendem Meßwertgeber und vergleichende Untersuchungen mit anderen Methoden

WESTDEUTSCHER VERLAG · KÖLN UND OPLADEN 1968

ISBN 978-3-663-04142-9   ISBN 978-3-663-05588-4 (eBook)
DOI 10.1007/978-3-663-05588-4

Verlags-Nr. 012007

Gesamtherstellung: Westdeutscher Verlag

Inhalt

1. Einleitung

Da sich die Ungleichmäßigkeit der Garne stets auf das Aussehen der Gewebe auswirkt [1], ist die Bestimmung der Ungleichmäßigkeit von Faserverbänden ein wesentliches Gebiet der Textilprüfung. Es ist daher wichtig, die Herstellung eines Garnes sorgfältig zu überwachen und die Ungleichmäßigkeit so gering wie möglich zu halten. Die zur Charakterisierung des Ungleichmäßigkeitsverhaltens bislang gebräuchlichen drei Kennfunktionen sind die Längenvariationsfunktion, die Spektrumsfunktion und die Autokorrelationsfunktion. Eine eingehende Darstellung der Kennfunktionen und ihrer gegenseitigen Abhängigkeiten geben WEGENER und Mitarbeiter [2–6]. Für die Ermittlung der Kennfunktionen können die Masse-, die Querschnitts- oder die Durchmesserschwankungen eines Faserverbandes mittels verschiedener Verfahren kontinuierlich gemessen werden. Der Faserverband läßt sich unter anderem kapazitiv, mechanisch oder optisch abtasten [7, 8].

2. Die drei gebräuchlichsten kontinuierlichen Meßverfahren

2.1 Das kapazitive Meßverfahren

Weit verbreitet sind Gleichmäßigkeitsprüfgeräte mit einem Meßkondensator als Meßwertgeber. Je nach der Art der Führung des zu prüfenden Faserverbandes durch das elektrische Feld des Meßkondensators wird zwischen einem Längsfeldkondensator [9] und einem Querfeldkondensator [10, 11] unterschieden. Die beim Durchlauf eines Faserverbandes durch das elektrische Feld entstehende Kapazitätsänderung des Meßkondensators verstimmt eine zur Auswertung angeschlossene Meßbrücke. Die angezeigte Verstimmung steht in einem proportionalen Zusammenhang zur Masse des im Kondensatorfeld befindlichen Faserverbandes. Bei der Verwendung kapazitiv arbeitender Meßwertgeber sind verschiedene Störfaktoren zu berücksichtigen. Die Meßkondensatoren reagieren empfindlich auf Feuchtigkeitsschwankungen des Faserverbandes [12, 13, 14]. Einwandfreie Messungen mit Hilfe der kapazitiven Methode sind daher nur in Räumen mit konstantem Klima und nach einem längeren Auslegen der Faserverbände im Prüfklima möglich. Zu Messungen an Mischgarnen, deren Komponenten ein unterschiedliches Feuchtigkeitsaufnahmevermögen haben, sollte die kapazitive Methode nicht verwendet werden. Elektrostatische Aufladungen des Faserverbandes können außerdem im Meßkondensator Influenzspannungen erzeugen oder sogar zur Entladung führen.

2.2 Das mechanische Meßverfahren

Neben den kapazitiv arbeitenden Gleichmäßigkeitsprüfgeräten wurde eine Reihe verschiedener mechanisch arbeitender Gleichmäßigkeitsprüfgeräte entwickelt. In diesen Geräten haben bislang zwei Meßsysteme Anwendung gefunden. Bei den älteren Verfahren wird der Faserverband zwischen zwei Platten hindurchgezogen, von denen die eine fest, die andere beweglich ist. Die Auslenkungen der beweglichen Platten werden gemessen. Bei modernen mechanischen Abtastvorrichtungen wird jedoch der Faserverband durch eine Nut geführt und hierin mittels einer Tastrolle oder eines Druckkeiles zu einem meistens rechteckigen Paket zusammengedrückt. Die dabei auftretenden Bewegungen der Tastrolle oder des Druckkeiles werden registriert. Über eines dieser in den USA entwickelten Geräte, den Pacific Evenness Tester der Firma Anderson Machine Shop, Inc., Needham Heights 94/Mass., haben WEGENER und EGBERS [15] eingehend berichtet. Die genannten Autoren verglichen die mit dem Pacific Evenness Tester erzielten Meßergebnisse mit den nach der Methode des Schneidens und Wiegens gewonnenen Meßergebnissen. Die gefundene Übereinstimmung beider Meßergebnisse ist sehr gut. Jedoch wird der Faserverband bei der Messung stark zusammengedrückt und beschädigt. Daher ergeben sich bei einer nochmaligen Prüfung desselben Faserverbandstückes andere Meßwerte. Das mechanische Prüfverfahren ist demnach weder zerstörungsfrei noch reproduzierbar.

2.3 Das fotoelektrische Meßverfahren

Die im Abschnitt 2.2 erwähnten Nachteile lassen sich durch die Verwendung fotoelektrischer Meßverfahren vermeiden. Mit den fotoelektrisch arbeitenden Geräten wird das Merkmal Durchmesser des Faserverbandes erfaßt. WEGENER [16] und EGBERS [16] besprechen neben den Versuchsergebnissen auch verschiedene Meßeinrichtungen zur fotoelektrischen Bestimmung des optischen Durchmessers von Faserverbänden [17–31]. Die einzelnen Meßeinrichtungen unterscheiden sich im wesentlichen durch zwei Konstruktionsmerkmale voneinander. In einigen Geräten geschieht die Garnabtastung mittels eines einzigen Lichtstrahles, in anderen Geräten wird das Garn aus mehreren Richtungen angestrahlt. Außerdem unterscheiden sich die Geräte durch die Form des verwendeten Lichtstrahls. Es kommen sowohl Parallelstrahlenbündel als auch divergierende und fokussierte Lichtstrahlen zur Anwendung.
Das in der zitierten Arbeit [16] beschriebene fotoelektrische Garndickenmeßgerät »Liphograph«, Type PGM III, der Firma Drello, Mönchengladbach, wurde von WEGENER und EGBERS bezüglich seiner Meßgenauigkeit eingehend untersucht. In der Prinzipskizze der Abb. 1* ist das Gerät dargestellt. Das Licht einer Lampe L fällt durch eine rotierende Lochscheibe LS in die Optik OP. Der auf diese Weise erzeugte Lichtstrahl trifft auf die Fotozelle FZ. Die Lochscheibe ist mit 20 in gleichen Abständen angeordneten Löchern von 2 mm Durchmesser versehen. Der Antrieb erfolgt mittels eines Synchronmotors M mit 3000 Umdrehungen je Minute. Demnach wird der auf die Fotozelle treffende Lichtstrahl 1000mal in der Sekunde unterbrochen. Zwischen der Optik und der Fotozelle wird der zu messende Faserverband FB mittels verstellbarer Leitstäbe derart durch den Lichtstrahl geführt, daß er im Mittel etwa 50% des Lichtes abdeckt. Dabei tastet ihn der Lichtstrahl auf einer Länge von 2 mm ab. Der durch die Fotozelle fließende Wechselstrom wird verstärkt, demoduliert und einer Endstufe zugeführt, an die sich verschiedene Auswertgeräte [32, 33] anschließen lassen. Wegen der Verwendung von nichtparallelem Licht muß der Abstand des Faserverbandes von der Fotozelle sehr genau eingehalten werden. Schon geringe Schwingungen des Faserverbandes ändern die Intensitätsverhältnisse des abtastenden Lichtstrahls und täuschen Materialschwankungen vor, was sich leicht durch das Durchführen eines mit einem Knoten versehenen Kammgarnfadens durch die Meßeinrichtung nachweisen läßt [16]. An den Stellen, an welchen der Knoten die vordere bzw. die hintere Garnführungsstelle passiert, treten infolge der Garnachsen-

* Die Abbildungen stehen im Anhang ab Seite 21.

verschiebung in der mitlaufenden Diagrammaufzeichnung zwei zusätzliche Meßwertspitzen auf. Wegen der angedeuteten Mängel gibt also der »Liphograph« kein einwandfreies Bild der wirklich vorhandenen Durchmesserschwankungen des Faserverbandes und ist deshalb nur dann zu verwenden, wenn nicht zu hohe Anforderungen an die Meßgenauigkeit gestellt werden.

3. Das neue fotoelektrische Gleichmäßigkeitsprüfgerät

An die Gleichmäßigkeitsprüfgeräte werden hohe Anforderungen gestellt. Es sollen sich Faserverbände unterschiedlicher Dicke oder Masse prüfen lassen. Farb- und Feuchtigkeitsschwankungen sowie Schwankungen in der Zusammensetzung des Faserverbandes dürfen das Meßergebnis nicht beeinflussen. Der Faserverband darf während der Messung nicht beschädigt werden. Elektrostatische Aufladungen sind zu verhindern. Dem zu bestimmenden Merkmal sollen die Meßwerte proportional sein. Die gewonnenen Ergebnisse müssen an demselben Teil des Faserverbandes beliebig oft reproduzierbar sein. Eine Alterung elektrischer Bauelemente darf die Genauigkeit der Messung nicht beeinflussen. Weiter soll das Gerät eine graphische Wiedergabe der Meßwertschwankungen ermöglichen. Die Ergebnisse müssen außerdem so ausgegeben werden, daß sich eine Registrier- oder Auswertanlage [32, 33] anschließen läßt. Zudem soll das Gerät einfach zu bedienen sein.
Die gestellten Anforderungen können zu einem großen Teil mit dem von uns entwickelten, neuen fotoelektrischen Gleichmäßigkeitsprüfgerät erfüllt werden. Die Abtastung des laufenden Faserverbandes erfolgt mit parallelem Licht, das aus zwei zueinander senkrecht stehenden Richtungen kommt.

3.1 Die Optik [34, 35]

In der Abb. 2 sind die Anordnung der einzelnen optischen Bauelemente und der Strahlengang des neuen fotoelektrischen Gleichmäßigkeitsprüfgerätes skizziert. Die Wendel W einer Lampe bildet sich über die Linse L_1 in dem Schlitz der Blende B_1 ab. Die hinter der Blende befindliche Linse L_2 richtet das auf sie treffende Licht parallel. Aus dem parallelen Lichtstrahl blendet die Doppelschlitzblende B_2 zwei Strahlenbündel mit rechteckigem Querschnitt aus. Hinter der Doppelschlitzblende werden die beiden parallelen Strahlenbündel durch zwei zueinander versetzt angeordnete rechtwinklige Prismen zur Linse L_3 hin umgelenkt. Der im Brennpunkt dieser Linse aufgebaute Fototransistor T_1 wird von den beiden durch die Prismen umgelenkten Strahlenbündeln getroffen. Der Fototransistor wandelt die Intensitätsschwankungen der auf ihn treffenden Lichtstrahlen in Stromschwankungen um. Der zu prüfende Faserverband wird hinter der Doppelschlitzblende B_2 von den beiden parallelen Strahlenbündeln abgetastet. Die Abtastung aus zwei zueinander senkrecht stehenden Richtungen läßt sich dadurch erreichen, daß das eine Strahlenbündel vor seinem Auftreffen auf den Faserverband, das andere danach von dem jeweiligen Prisma umgelenkt wird. Der Fototransistor $\bar{T}_1$ wird direkt von der Lampe beleuchtet. Die beiden Fototransistoren T_1 und $\bar{T}_1$ sind in einer speziellen Brückenschaltung miteinander verbunden. Die Stärke des von der Wendel W auf den Transistor $\bar{T}_1$ fallenden Lichtes läßt sich mittels der Irisblende B_3 variieren. Auf diese Weise können die beiden die

Transistoren T_1 und $\bar{T}_1$ treffenden Lichtstrahlen in ihrer Intensität einander angeglichen werden.

Bei der Wahl der Linsen und Blenden wurde unter Berücksichtigung der für die Messung notwendigen Strahlform besonders darauf geachtet, daß die verfügbare Lichtintensität der Lampe so gut wie möglich ausgenutzt wird. Um eine helle Abbildung der Wendel der Lampe (Abb. 2) auf den Schlitz der Blende B_1 zu erreichen, wurde die Linse L_1 mit einem großen Öffnungsverhältnis gewählt. Das Öffnungsverhältnis einer Linse ist das Verhältnis des Linsendurchmessers zur Bildweite.

Der Zusammenhang zwischen den einzelnen Größen ist aus der Abb. 3 zu ersehen. Wird bei festem Linsendurchmesser d die Bildweite b verringert, so vergrößert sich das Öffnungsverhältnis und daher auch die Lichtintensität des Bildes. Ein Verringern der Bildweite ist durch ein Vergrößern der Gegenstandsweite zu erreichen. Die Bildgröße nimmt dabei allerdings ab. Grundsätzlich hängen die erreichbare Größe bei gleichzeitig erreichbarer Intensität eines Bildes nur vom Öffnungsverhältnis der abbildenden Linse, nicht aber von ihrer Brennweite ab. Dabei wird allerdings unterstellt, daß Bild- und Gegenstandsweite frei wählbar sind. Um die Abmessungen des fotoelektrischen Meßwertgebers klein zu halten, wurde die Brennweite der Linse L_1 (Abb. 2) so klein wie möglich gewählt. Jedoch setzt der Kolbendurchmesser der verwendeten Lampe der Brennweite der Linse L_1 eine untere Grenze. Die gewählte bikonvexe Linse besitzt einen Durchmesser und eine Brennweite von jeweils 10 mm. Die Bild- und die Gegenstandsweite der Linse L_1 wurden derart festgelegt, daß der durch die Blende B_1 austretende Lichtstrahl gerade die gesamte Fläche der Linse L_2 durchsetzt, so daß möglichst wenig Licht verlorengeht. Die Überlegungen, die zur Bemessung der Blende B_1 führten, werden hier noch zurückgestellt. Vielmehr soll sich im Brennweitenabstand vor der Linse L_2 eine vorläufig beliebige Lochblende B_1 befinden. Die Linse L_2 richtet das aus der Blende B_1 austretende Strahlenbündel parallel. Der Durchmesser des Strahlenbündels vergrößert sich mit zunehmendem Abstand von der Blende, die Intensität nimmt dagegen ab. Da sich der Abstand zwischen der Blende B_1 und der Linse L_2 nach deren Brennweite richtet, hängen der Durchmesser und die Intensität des parallelen Strahlenbündels von der Brennweite der Linse L_2 ab. Um ein paralleles Strahlenbündel mit maximaler Intensität zu erhalten, ist es demnach notwendig, die Brennweite der Linse klein zu wählen. Damit die beiden Schlitze der auf die Linse L_2 folgenden Doppelschlitzblende B_2 noch ausreichend beleuchtet werden können, darf allerdings dabei ein bestimmter Mindestdurchmesser des Strahlenbündels nicht unterschritten werden. Unter der Berücksichtigung dieser Gegebenheiten wurde der Durchmesser der Linse L_2 auf 9 mm und die Brennweite auf 20 mm festgelegt.

Für die Auswertung der Meßergebnisse ist die Kenntnis der Abtastlänge des fotoelektrischen Meßwertgebers wichtig. Unter der Abtastlänge ist im wesentlichen die Länge zu verstehen, auf der ein zur Prüfung eingebrachter Faserverband angeleuchtet wird. Wie es in der Abb. 2 dargestellt ist, erfolgt die Fadenführung in vertikaler Richtung. Damit bestimmt die Schlitzhöhe der Blende B_2, durch die das parallele Licht fällt, die Abtastlänge. Um eine möglichst punktförmige Abtastung zu erreichen, soll die Abtastlänge des Meßwertgebers kurz sein. Andererseits muß noch eine ausreichende Lichtmenge auf den Fototransistor fallen, da sonst keine genügende Meßgenauigkeit garantiert werden kann. Eine Abtastlänge bzw. eine Schlitzhöhe der Blende B_2 von 2 mm genügt beiden Forderungen in ausreichendem Maße.

Die Lichtintensität hätte über der ganzen Abtastlänge eine konstante Größe, wenn das durch die Schlitze hindurchtretende Licht exakt parallel wäre. Von exakt parallelem Licht kann jedoch nur bei Vorhandensein einer punktförmigen Lichtquelle gesprochen werden. Da die Lichtquelle in der beschriebenen Anordnung durch den beleuchteten

Spalt der Blende B_1 dargestellt wird und dieser nicht punktförmig zu gestalten ist, ergeben sich an beiden Enden der Abtastlänge gewisse Unschärfebereiche.

Während in der Abb. 4 die beschriebenen Verhältnisse wiedergegeben sind, ist in der Abb. 5 das Meßfeld des fotoelektrischen Meßwertgebers dargestellt. In der Abb. 5 wurde die Intensität des bestrahlenden Lichtes über der sich in Richtung der Faserverbandsachse erstreckenden Variablen x aufgetragen. Im mittleren Bereich der Abtastlänge a hat die Intensität des Lichtes einen konstanten Wert. In den sich rechts und links anschließenden Unschärfebereichen der Breite u nimmt die Intensität des Lichtes von diesem konstanten Wert aus nach außen hin linear bis auf den Wert Null ab. Wird das so gebildete Intensitätstrapez in ein Rechteck gleicher Höhe und gleichen Flächeninhaltes verwandelt (in der Abb. 5 gestrichelt eingezeichnet), so ist die Breite des Rechteckes gleich der Abtastlänge a. Die Breite u des Unschärfebereiches an den beiden Enden der Abtastlänge ist eine Funktion der Schlitzhöhe h_1 der Blende B_1 (Abb. 4), der Brennweite f_2 der Linse L_2 und des Abstandes e der Doppelschlitzblende B_2 vom abzutastenden Faserverband. Aus der Skizze der Abb. 4 läßt sich das Verhältnis

$$\frac{h_1}{f_2} = \frac{u}{e} \tag{1}$$

ablesen. Die Gleichung (1) beinhaltet die Tatsache, daß unter der Voraussetzung einer festen Brennweite f_2 der Linse L_2 die Schlitzhöhe h_1 und der Abstand e so klein wie möglich zu wählen sind. Dann wird die geringste Unschärfe u erreicht. Aus konstruktiven Gründen konnten die Abmessungen $h_1 = 0{,}5$ mm und $e = 8$ mm nicht unterschritten werden. Mit diesen Angaben ergibt sich die Unschärfe unter Berücksichtigung der Brennweite $f_2 = 20$ mm zu $u = 0{,}2$ mm. Diese Größe entspricht 10% der Abtastlänge a. Durch ein Versetzen der beiden Schlitze der Doppelschlitzblende B_2 (Abb. 2) wurde dafür gesorgt, daß die beiden Strahlenbündel jeweils eine gleich lange Strecke zwischen der Blende und dem Faserverband durchlaufen.

Ausgehend von der Abtastlänge des fotoelektrischen Meßwertgebers, erfolgten die angestellten Überlegungen bisher nur für die Höhe der Schlitze der Blenden B_1 und B_2. Für die Breite der Blende B_1 gelten ähnliche Betrachtungen. Um weitgehend die gesamte Breite des Strahlenbündels für die Messung ausnutzen zu können, müssen auch in der Querrichtung die Unschärfebereiche am Rande des Strahlenbündels entsprechend schmal sein. Der Schlitz der Blende B_1 wurde 0,5 mm breit eingestellt. Mit dieser Einstellung läßt sich einerseits der Unschärfebereich schmal genug halten, andererseits reicht die Intensität des durch den Schlitz fallenden Lichtes für eine genügend große Meßgenauigkeit aus. Die Breite der beiden Schlitze der Doppelschlitzblende B_2 hängt von der Dicke des zu messenden Garnes ab. Daher wurde ein auswechselbarer Blendensatz mit Schlitzbreiten von 0,7; 1; 1,4 und 2 mm angefertigt. Senkrecht zur Strahlrichtung gemessen, beträgt der Mittenabstand der beiden Schlitze 5 mm. Der Faserverband wird von dem einen der beiden durch die Doppelschlitzblende B_2 hindurchtretenden Strahlenbündel direkt getroffen, das andere Strahlenbündel tastet den Faserverband erst nach seiner Umlenkung durch ein rechtwinkliges Prisma ab. Dabei fällt dieses Strahlenbündel senkrecht in das Prisma ein und wird rechtwinklig umgelenkt. Auf diese Weise erfolgt eine Abtastung des Faserverbandes aus zwei senkrecht zueinander stehenden Richtungen. Trotz der Abtastung des Faserverbandes aus zwei Richtungen wird für den fotoelektrischen Meßwertgeber nur ein Fototransistor verwandt. Der zweite im Gerät befindliche Fototransistor ist nur aus Gründen der Kompensation eingebaut und wird von den eigentlichen Meßstrahlen nicht getroffen. Daher müssen die beiden den Faserverband abtastenden Strahlenbündel auf den Meß-Fototransistor zusammengeführt werden. Das den Faserverband direkt treffende Strahlenbündel ist demnach noch mittels eines weiteren rechtwinkligen Prismas umzulenken. Anschließend fallen die beiden Parallelstrahlenbündel auf den Meß-Fototransistor T_1, der hinter der Linse L_3 in deren Brennpunkt angeordnet ist.

3.2 Die Elektronik

Die Wirkungsweise der Halbleiterfotozellen beruht auf dem inneren lichtelektrischen Effekt. Durch Einstrahlung und Absorption elektromagnetischer Wellen bilden sich in einem Kristall bewegliche Ladungsträger. Je nach der Energie der absorbierten Lichtquanten und nach der Art des Kristalls können Elektronen direkt aus ihren Gitterbindungen gelöst, das heißt vom Valenzband in das Leitfähigkeitsband gehoben werden, oder es können Elektronen aus Gitterstörstellen in das Leitfähigkeitsband gelangen. In beiden Fällen handelt es sich um eine Fotoleitfähigkeit, die bei Anlegen einer Gleich- oder Wechselspannung an den Kristall einen Strom zur Folge hat. Fotohalbleiter sind unter anderem Selen, Diamant, Schwefel, Silizium und Germanium, die Alkalihalogenide und die Oxide und Sulfide fast aller Metalle.

Die Gruppe der nach dem inneren lichtelektrischen Effekt arbeitenden Bauelemente spaltet sich in die Halbleiter-Fotowiderstände und die Halbleiter-Sperrschichtzellen auf. Bei den Fotowiderständen ändert sich der Ohmsche Widerstand des Halbleiters unter dem Einfluß des Lichtes. Die Widerstandstypen werden zweckmäßig nach der Art des verwendeten Halbleiterstoffes unterschieden. Die bedeutendsten Typen sind die reine Selen- bzw. Thallofidzelle, der Widerstandstyp auf Bleibasis, auf Cadmiumbasis und auf intermetallischer Basis. Die Halbleiter-Sperrschichtzellen lassen sich nicht nur als Fotoelemente unter Ausnutzung der unter Lichteinfluß entstehenden eigenen EMK, sondern auch als Fotodioden ohne Ausnutzung der eigenen EMK einsetzen. Zum Bau von Halbleiter-Sperrschichtzellen werden hauptsächlich Kupferoxydul, Selen, Germanium und Silizium sowie verschiedene intermetallische Werkstoffe verwendet.

Für den speziellen Zweck eines zu entwickelnden fotoelektrischen Gleichmäßigkeits-prüfgerätes war die Auswahl eines geeigneten fotoelektrischen Meßwertwandlers von grundlegender Bedeutung [36–39]. Ein großer Teil der elektrischen Eigenschaften dieser Bauelemente ergibt sich aus den entsprechenden Kennlinien bzw. Kennlinienfeldern. Weiterhin sind die technischen Daten, wie Dunkelstrom, Empfindlichkeit, Ermüdung, Frequenzabhängigkeit, innerer Widerstand, relative spektrale Empfindlichkeit, Trägheit und Temperaturabhängigkeit bei der Auswahl zu beachten. In der Abb. 6 ist das Schema eines Fotowiderstandes dargestellt. Eine Glasplatte 4 trägt eine dünne mit Fremdatomen dotierte Halbleiterschicht 3, auf welche die Metallelektroden 1 und 2 aufgedampft sind. Im unbeleuchteten Zustand sind fast alle Elektronen des Halbleiters gebunden. Die durch Lichteinfall gelösten Elektronen stellen zusätzliche freie Ladungsträger dar. Die Beleuchtung hat also eine Abnahme des Widerstandes zur Folge. Der Widerstand ist annähernd der Beleuchtungsstärke umgekehrt proportional und wird durch die Betriebsspannung praktisch nicht beeinflußt. Das Maximum der spektralen Empfindlichkeit, das stark vom Grundmaterial abhängt, liegt zwischen 0,55 µm und 0,75 µm. Fotowiderstände sind sperrschichtfreie Bauelemente, die rein Ohmschen Charakter haben. Zum Betrieb ist stets das Vorhandensein einer äußeren Spannungsquelle erforderlich. Ausgenutzt wird lediglich die Widerstandsänderung des Stoffes unter dem Einfluß der Beleuchtung. Wegen ihrer hohen Lichtempfindlichkeit und ihres geringen Preises werden Fotowiderstände in der Meßtechnik vielfach angewandt. Nachteilig sind jedoch die hohe Temperaturabhängigkeit, eine starke Alterung und eine große Trägheit. Daher sind Fotowiderstände im Hinblick auf die geforderte

10

Meßgenauigkeit als fotoelektrische Meßwertwandler eines Gleichmäßigkeitsprüfgerätes nicht geeignet.

Bei den Fotoelementen besteht im Innern eine Sperrschicht. Wird die Sperrschicht von Photonen hinreichender Energie getroffen, so bilden sich Elektronen-Loch-Paare. Diese stellen vor allem in der in Sperrichtung betriebenen *pn*-Verbindung einen großen Teil der Ladungsträger, da dort ohnehin nur sehr wenige Ladungsträger vorhanden sind. Unter dem Einfluß des in der Sperrschicht bestehenden elektrischen Feldes werden die neu erzeugten Löcher nun in den *p*-leitenden Teil des Halbleiters, die Elektronen in den *n*-leitenden Teil getrieben. Es ergibt sich also nunmehr ein Überschuß an Löchern und Elektronen, der in Form einer außen meßbaren Gleichspannung zum Ausdruck kommt.

In der Abb. 7 ist das Kennlinienfeld der Fotodiode TP 50 der Firma Siemens dargestellt. Der rechte Teil des Kennlinienfeldes gilt für den Betrieb der Fotodiode ohne Ausnutzung der eigenen EMK. Auf der Abszisse ist für diesen Fall die an die Fotodiode angelegte Fremdspannung U aufgetragen. Die Verhältnisse beim Betrieb der Fotodiode als Spannungsquelle mit eigener EMK sind aus dem linken Teil des Kennlinienfeldes ersichtlich. Die Leerlaufspannung U_L ist auf der Abszisse nach links aufgetragen. Bei kurzgeschlossener Fotodiode tritt der Kurzschlußstrom auf. Er kann unmittelbar an der Ordinate abgelesen werden. Je größer die Beleuchtungsstärke gewählt wird, desto größer sind die Stromwerte. Der gleichmäßige Abstand der Kennlinien zeigt, daß der Kurzschlußstrom linear mit der Beleuchtungsstärke zunimmt. An Hand der eingetragenen Arbeitswiderstandsgeraden läßt sich erkennen, welche Leistungen der Fotodiode entnommen werden können.

Fotodioden besitzen eine geringe Trägheit. Bei geeigneter Ausführung können noch Frequenzen im MHz-Bereich verarbeitet werden. Die maximale spektrale Empfindlichkeit der Germanium-Fotodioden liegt zwischen 1,5 µm und 1,9 µm. Bei Germanium-Fotodioden machen sich nur geringe Alterungs- und Ermüdungserscheinungen bemerkbar.

Als Fotodiode mit nachfolgendem Gleichstromverstärker kann schaltungstechnisch der Fototransistor aufgefaßt werden. Daraus ergibt sich, daß Fototransistoren empfindlicher als Fotodioden sind. Der Aufbau des Systems eines Fototransistors unterscheidet sich nicht von dem Aufbau eines normalen Flächentransistors. Das ebenso wie bei Kleintransistoren beschaffene Kristallsystem wird in einer lichtdurchlässigen Schutzhülle untergebracht. Das Licht muß auf die Basisschicht fallen. Diese Richtungsempfindlichkeit wird beispielsweise für den Fototransistor OCP 70 von der Firma Valvo in einem entsprechenden Diagramm näher erläutert. Die spektrale Empfindlichkeit des Fototransistors entspricht etwa der von Germaniumdioden. Fototransistoren sind stark temperaturabhängig. Das gilt vor allem dann, wenn der Basisanschluß offen liegt. Die Trägheit der Fototransistoren ist größer als die der Fotodioden. Bei dem Typ OCP 70 beträgt die Grenzfrequenz für moduliertes Licht 3 kHz.

Mit dem fotoelektrischen Bauelement muß vom Meßprinzip her die Gewähr gegeben sein, sehr geringe Intensitätsschwankungen des auftreffenden Lichtes zu registrieren. Das Bauelement muß die in der Meßschaltung auftretenden Frequenzen verarbeiten können. Von großer Bedeutung ist die Linearität des fotoelektrischen Meßwertumformers. Bei Messungen in einem nichtlinearen Bereich wird die Auswertung der Meßergebnisse erheblich erschwert. Das Gerät muß bei Normalklimaverhältnissen möglichst fehlerlos arbeiten. Schließlich soll das Bauelement in einer Brückenschaltung an eine gebräuchliche Trägerfrequenz-Meßbrücke anschließbar sein.

Nach Berücksichtigung der angeführten Gesichtspunkte wurde für das zu entwickelnde Gerät der Germanium-*pnp*-Fototransistor OCP 70 der Firma Valvo ausgewählt. Der

Fototransistor ist derart in eine Schaltung eingebaut, daß eine Intensitätsänderung des den Fototransistor treffenden Lichtes eine Verstimmung einer Wechselstrombrücke hervorruft. Als fotoelektrischer Wandler formt der Fototransistor die Lichtintensitätsschwankungen zunächst nur in Schwankungen seines Emitter- bzw. seines Kollektorstromes um, so daß mit einem zweiten Wandler die Stromänderungen in Widerstandsänderungen übersetzt werden müssen. Diese Transformation liefert die in der Abb. 8 wiedergegebene Schaltung. Die beiden Teile der Brückenschaltung sind vollkommen identisch, so daß es genügt, die Wirkungsweise der einen Schaltungshälfte zu erläutern.

Der beleuchtungsabhängige Kollektorstrom des Fototransistors T_1 verursacht am Widerstand R_3 eine Spannung, die zur Steuerung des Kollektorstromes des Transistors T_2 benutzt wird. Der Kollektorstrom des Transistors T_2 hat den Charakter eines Urstromes, der in den Emitter des Transistors T_3 einströmt und daher dessen Wechselstromwiderstand bestimmt. Bekanntlich [38] besteht zwischen dem Emitterstrom I [A] und dem Wechselstromwiderstand R [Ω] einer Transistor-Kollektorstufe die Beziehung

$$R = \frac{U_T}{I} \, . \tag{2}$$

In dieser Gleichung bedeutet U_T [V] die Temperaturspannung, deren Definition durch den Ausdruck

$$U_T = \frac{KT}{e} \tag{3}$$

gegeben ist. Die einzelnen Größen der Beziehung (3) stellen die Boltzmann-Konstante K [Ws/°K], die Elementarladung e [As] und die Temperatur T [°K] dar. Der Kollektorstrom des Fototransistors setzt sich aus einem Ruhestrom I_R [A], der durch die Arbeitspunkteinstellung des Transistors gegeben ist, und aus einem von der Beleuchtungsstärke abhängigen Stromanteil i [A] zusammen. Der Stromanteil i ist durch die Beziehung

$$i = s E F_0 \quad [\text{A}] \tag{4}$$

bestimmt, worin s [A/lm] die Lichtempfindlichkeit des Fototransistors, E [lm/mm^2] die Beleuchtungsstärke und F_0 [mm^2] die Querschnittsfläche des Lichtstrahles bedeuten. Bei voller Beleuchtung durchfließt den Fototransistor der Kollektorstrom

$$I_0 = I_R + s E F_0 \quad [\text{A}]. \tag{5}$$

Wird durch den zu messenden Faden die Fläche F_1 [mm^2] des Strahlquerschnitts abgedeckt, so stellt sich der Kollektorstrom

$$I_1 = I_R + s E (F_0 - F_1) \quad [\text{A}] \tag{6}$$

ein. Unter Berücksichtigung der Verstärkung v des Fototransistors ergibt sich aus dieser Beziehung zusammen mit der Gleichung (2) der Wechselstromwiderstand des Transistors T_3 bei voller Beleuchtung

$$R_0 = \frac{U_T}{v} \cdot \frac{1}{I_R + s E F_0} \quad [\Omega]. \tag{7}$$

Bei eingespanntem Faden steigt der Widerstand auf

$$R_1 = \frac{U_T}{v} \cdot \frac{1}{I_R + s E (F_0 - F_1)} \quad [\Omega]. \tag{8}$$

Aus den Gleichungen (7) und (8) errechnet sich die Widerstandsänderung

$$\Delta R = R_1 - R_0 = \frac{U_T}{v}\left[\frac{1}{I_R + sE(F_0 - F_1)} - \frac{1}{I_R + sEF_0}\right], \qquad (9)$$

die durch das Einspannen eines Fadens entsteht. Die Beziehung

$$\Delta R = \frac{U_T}{v(I_R + sEF_0)} \cdot \frac{\dfrac{sEF_1}{I_R + sEF_0}}{1 - \dfrac{sEF_1}{I_R + sEF_0}} \quad [\Omega] \qquad (10)$$

geht aus der Gleichung (9) hervor. Sie hat die Form

$$\Delta R = A \cdot \frac{x}{1 - x} \qquad (11)$$

mit der Konstanten

$$A = \frac{U_T}{v(I_R + sEF_0)} \qquad (12)$$

und der Variablen

$$x = \frac{sEF_1}{I_R + sEF_0}. \qquad (13)$$

Wünschenswert wäre ein linearer Zusammenhang der Größen ΔR und x. Falls jedoch $x \ll 1$ ist, kann eine für die Messung genügende Linearität erreicht werden. Der Ruhestrom I_R läßt sich unabhängig vom Licht, das den Fototransistor trifft, mittels eines Basisspannungsteilers am Fototransistor einstellen. Er ist unter Beachtung der Transistorgrenzdaten so groß wie möglich zu wählen, da auf diese Weise die Variable x klein gehalten werden kann.

Der in das Schaltbild der Abb. 8 eingezeichnete Kondensator C_1 dient zur galvanischen Trennung der Transistorschaltung von der Meßspannungsquelle in der Trägerfrequenzmeßbrücke. Die Dioden D_1 und D_2 bewirken eine Kompensation der Temperaturdrift der Transistoren T_1 und T_2. Durch diese Maßnahme kann eine genügende Nullpunktstabilität der Meßeinrichtung garantiert werden.

Die beschriebene Schaltung ist für den Anschluß an eine Trägerfrequenzmeßbrücke mit einer Trägerfrequenz von 5 kHz vorgesehen. Die bei der Abtastung eines Fadens auftretenden Intensitätsschwankungen des Lichtstrahles werden zur Modulation der von der Meßbrücke gelieferten Wechselspannung verwendet. Auf diese Weise erübrigt sich eine Lochscheibe, die den Lichtstrahl zerhackt.

Die Lichtquelle des fotoelektrischen Gleichmäßigkeitsprüfgerätes strahlt Licht unterschiedlicher Wellenlängen aus, unter anderem auch solches, dessen Wellenlänge im infraroten Bereich des Spektrums liegt. Um eine eventuelle Erwärmung der Fototransistoren durch die Infrarotstrahlung zu vermeiden, wurde probeweise in den Strahlengang ein Wärmeschutzfilter eines handelsüblichen Diapositiv-Projektors eingesetzt. In dem Diagramm der Abb. 9 ist die Kurve der spektralen Empfindlichkeit des Fototransistors über der Wellenlänge λ aufgetragen. Die größte Empfindlichkeit des Fototransistors liegt im infraroten Bereich zwischen den Wellenlängen 1,1 μm und 1,6 μm. Eben dieser Wellenlängenbereich wird aber von einem Wärmeschutzfilter absorbiert, so daß die Empfindlichkeit der Anordnung nach dem Einschieben des Wärmeschutzfilters auf etwa 3% des ursprünglichen Wertes zurückgeht. Ein Empfindlichkeitsverlust in solchem Ausmaß ist nicht in Kauf zu nehmen. Auf die Anwendung des Wärmeschutzfilters mußte daher verzichtet werden.

3.3 Aufbau der gesamten Meßeinrichtung

In der Abb. 10 ist das fertig aufgebaute fotoelektrische Gleichmäßigkeitsprüfgerät dargestellt. Der elektrische Teil des Meßwertgebers mit Ausnahme der Lampe L und der beiden Fototransistoren T_1 und $\bar{T}_1$ wurde auf einer Steckkarte aufgebaut, die unter dem Chassisboden des Meßwertgebers liegt. Der Aufbau der optischen Bauelemente geschah auf einer mikrooptischen Bank der Firma Spindler & Hoyer, Göttingen. Die einzelnen Teile der mikrooptischen Bank lassen sich nach einem Baukastensystem zusammenfügen. Einige Bauelemente mußten den speziellen Erfordernissen des fotoelektrischen Gleichmäßigkeitsprüfgerätes entsprechend verändert werden. Im ganzen ließ sich durch den kompakten Aufbau des Gerätes eine relativ hohe Biege- und Verwindungssteifigkeit erzielen. Der Garnabzug erfolgt von oben nach unten durch die vertikal liegende Meßstrecke, wobei von zwei spitzengelagerten Rollen R (untere Rolle verdeckt) die exakte Führung des Faserverbandes FB übernommen wird.
Eine Zusammenstellung der Geräte zur fotoelektrischen Gleichmäßigkeitsprüfung ist aus der Abb. 11 zu ersehen. Neben dem eigentlichen fotoelektrischen Meßwertgeber FM sind die Trägerfrequenzmeßbrücke TF, das Netzgerät NG für die Betriebsspannung der Transistorschaltung und der Lampe sowie ein Schreiber S aufgebaut. Die für den Garnabzug notwendigen Geräte sind nicht dargestellt. Zur weiteren Auswertung der Meßwerte auf einer Großrechenanlage kann an die Meßbrücke ein Analog-Digitalwandler [32] zur Übertragung der Werte auf Lochstreifen angeschlossen werden. Ebenso lassen sich Geräte zur direkten statistischen Auswertung, wie zum Beispiel die Auswertanlage Aachen [33], verwenden.

3.4 Prüfung der Meßeinrichtung

Für eine genaue Messung ist die unbedingte Konstanz der Lichtintensität der verwendeten Lampe erforderlich. Voraussetzung für die Erfüllung dieser Forderung ist eine konstante Betriebsspannung. Die erforderliche Spannung zum Betrieb der Lampe wird zusammen mit der Betriebsspannung der in der Abb. 8 angegebenen Transistorschaltung einem vorhandenen Netzgerät entnommen. Beide Spannungen sind stabilisiert und daher von Netzspannungs- und Belastungsschwankungen weitgehend unabhängig. Das ausgestrahlte Licht wurde mit einem Lichtstärke-Meßgerät geprüft. Die Lichtschwankungen während eines Tages lagen innerhalb der Meßgenauigkeit des Lichtstärke-Meßgerätes. Die Kontrolle der Anzeigelinearität geschah mit Hilfe von Nähnadeln, deren Durchmesser mit einem Meßmikroskop bestimmt wurde. Die von den Nadeln verschiedenen Durchmessers hervorgerufenen Meßwerte sind in der Abb. 12 dargestellt. Die Abweichung von der Linearität der Anzeige beträgt weniger als $\pm 1\%$. Mit der Linearität der Anzeige hängt auch die Homogenität der zur Abtastung notwendigen Parallelstrahlenbündel zusammen. Die Homogenität kann kontrolliert werden, indem eine dünne Nadel in den Strahlengang gehängt und darin hin- und herbewegt wird. Die Größe der hierbei auftretenden Anzeigeschwankungen ist ein Maß für die Homogenität des Lichtstrahles. Die gemessene Anzeigeschwankung betrug $\pm 0{,}5\%$, bezogen auf den entsprechenden absoluten Anzeigewert.
Die Nullpunktkonstanz des Meßwertgebers wurde über 24 Stunden gemessen. Es ergaben sich Abweichungen von dem anfangs eingestellten Nullpunkt von maximal $\pm 0{,}7\%$, bezogen auf den Meßbereichsendwert. Die Temperaturdrift des Nullpunktes beträgt etwa $0{,}4\%/°C$, ebenfalls auf den Bereichsendwert bezogen.

4. Vergleichende Betrachtung verschiedener Meßmethoden

Nach der Überprüfung der Funktionsfähigkeit und der Eichung des fotoelektrisch arbeitenden Meßwertgebers mußte das Meßprinzip an Hand von Vergleichsmessungen mit anderen Ungleichmäßigkeitsmeßgeräten beurteilt werden. Als Kennfunktion für die Ungleichmäßigkeit eines Garnes wurde die Längenvariationsfunktion verwendet. Auf Grund der nach verschiedenen Meßverfahren aufgenommenen Längenvariationsfunktionen eines Garnes lassen sich die einzelnen Methoden miteinander vergleichen.

Als Versuchsmaterial dienten zwei Kammgarne (45% Wolle, 55% Diolen). Beide Garne hatten eine Feinheit von 16,7 tex (Nm 60/1) und eine Drehung von 700 T/m. Bei der Herstellung des Garnes 1 war eine Strecke mit einem OSA-Hochverzugs-Finisseur, bei der Herstellung des Garnes 2 eine Strecke mit einem NSC-Hechelstrecken-Nadelstab-Streckwerk in den sonst gleichen Produktionsgang eingeschaltet worden.

Zunächst wurde der neue fotoelektrisch arbeitende Meßwertgeber mit dem im Abschnitt 2.3 erwähnten fotoelektrischen Garndickenmeßgerät »Liphograph«, Type PGM III, der Firma Drello, Mönchengladbach, verglichen. Wie es der Abb. 13 zu entnehmen ist, liefert der neue Meßwertgeber speziell für die kurzen Längen wesentlich niedrigere Variationskoeffizienten als der Liphograph. Diese Verbesserung ist auf das in dem neuen fotoelektrischen Meßwertgeber verwendete Parallellicht zurückzuführen. Daher haben die beim Garnabzug entstehenden Schwingungen des Garnes keinen Einfluß mehr auf das Meßergebnis.

Zu Recht ist die Methode des Schneidens und Wiegens das Standardverfahren zur Bestimmung der massebezogenen Garnungleichmäßigkeit. Unter den kontinuierlichen Methoden ist es besonders das mechanische Abtastverfahren des Pacific Evenness Testers [15], welches in seinen Ergebnissen dem Schneiden und Wiegen sehr nahe kommt. In der Abb. 14 und in der Abb. 15 sind die nach dem gravimetrischen, dem mechanischen und dem fotoelektrischen Verfahren ermittelten Längenvariationsfunktionen des Garnes 1 bzw. des Garnes 2 einander gegenübergestellt. Den beiden Abbildungen ist es zu entnehmen, daß die durch eine mechanische Abtastung gewonnene Längenvariationsfunktion gut mit der durch Schneiden und Wiegen gefundenen Kurve übereinstimmt. Die massebezogene Garnungleichmäßigkeit läßt sich also einwandfrei mit der mechanischen Abtastmethode ermitteln.

Wie es nicht anders zu erwarten war, besitzt die fotoelektrisch erstellte Längenvariationsfunktion wesentlich niedrigere Werte als die beiden anderen Längenvariationsfunktionen. Dieses Verhalten ergibt sich aus der Tatsache, daß mit der optischen Methode der Durchmesser des Garnes, mit der gravimetrischen Methode dagegen seine Masseverteilung bestimmt wird. Bei konstantem spezifischem Gewicht der im Garn befindlichen Einzelfasern ist die Masseverteilung proportional der Querschnittsfläche des Garnes. Dabei wird unter der Querschnittsfläche des Garnes die Summe der Querschnittsflächen der in einem Garnquerschnitt befindlichen Einzelfasern verstanden. Es besteht ein quadratischer Zusammenhang zwischen dem Durchmesser und der Querschnittsfläche eines runden Körpers. Auf dieser Beziehung beruhen die in verschiedenen Arbeiten [16, 40] gemachten Angaben, daß der Variationskoeffizient der Masseungleichmäßigkeit $CB(L)_{\mathrm{mass}}$ theoretisch doppelt so hoch wie der Variationskoeffizient des optischen Durchmessers CB_{opt} sei. Bei einem tatsächlichen Garn liegen die Verhältnisse jedoch nicht so einfach. Die Packungsdichte der Einzelfasern, die unter anderem auch von der Drehung abhängt, hat einen erheblichen Einfluß auf den optischen Durchmesser. Der Durchmesser und die Garnmasse stehen daher durchaus nicht in einem festen Zusammenhang [41]. BARELLA [42], VON ISSUM [43], CHAMBERLAIN [43] und

HAMILTON [44] haben versucht, die Drehung mit in die Beziehung zwischen dem durchmesserbezogenen und dem massebezogenen Variationskoeffizienten einzuarbeiten. Es ergeben sich dabei Korrekturfaktoren, die jedoch von geringem Wert sind, weil begreiflicherweise die Faserart, der Kräuselungsgrad sowie die Schmiegsamkeit der Fasern und das Spinnverfahren einen großen Einfluß auf die Bauschigkeit eines Garnes und damit auf das Verhältnis vom Durchmesser zur Masse haben.

Diese fehlenden festen Beziehungen zwischen dem Garnquerschnitt und dem Garndurchmesser lassen sich auch nicht durch eine optische Abtastung des Garnes aus mehreren Richtungen erstellen. Da der Garnkörper nicht durchstrahlt wird, läßt sich der innere Garnaufbau, beispielsweise die Packungsdichte, bei einer kontinuierlichen optischen Abtastung nicht ermitteln. Vielmehr dient die mehrstrahlige Abtastung dem Zweck, bei nicht kreisförmigen Fadenquerschnitten einen Mittelwert der verschiedenen optischen Durchmesser zu finden.

5. Der optische Durchmesser als eigenständige Meßgröße

Bei den meisten Geweben spielen die bei der visuellen Betrachtung auffallenden Ungleichmäßigkeiten des Garndurchmessers eine wesentlich größere Rolle als Schwankungen in der Masseverteilung. Die Streifigkeit eines Gewebes beruht nicht unbedingt auf Masseschwankungen des Garnes. Sie kann auch durch eine ungleichmäßige Garndrehung entstehen, so daß das Gewebe an einigen Stellen dünner aussieht als an anderen. Mit der gravimetrischen Meßmethode ist aber diese Art der Ungleichmäßigkeit nicht feststellbar.

An Hand eines gedachten Modellversuches lassen sich diese Tatsachen noch weiter erläutern. Angenommen, es läge ein schmales Band vor, das zwar eine vollkommen gleichmäßige Masseverteilung, jedoch eine ungleichmäßig verteilte Drehung hat. Wird ein solches Band gravimetrisch geprüft, nimmt der Variationskoeffizient wegen der völlig gleichmäßigen Masseverteilung den Wert Null an. Bei einer optischen Prüfung wird sich dagegen wegen der ungleichmäßigen Drehung ein von Null verschiedener Variationskoeffizient ergeben. Im weiteren Verlauf des Modellversuches soll das Band verwebt werden. Es ist leicht einzusehen, daß sich die unterschiedliche Drehung des Bandes auf das Gewebeaussehen auswirkt. Dem Ergebnis der gravimetrischen Messung zufolge müßte dagegen das Gewebe vollkommen gleichmäßig aussehen.

Im allgemeinen werden zwar die optisch und die gravimetrisch gefundenen Variationskoeffizienten verschiedener Garne in bezug auf das Aussehen der aus diesen Garnen gefertigten Gewebe eng miteinander korrelieren [1, 16]. (Diese Tendenz ergibt sich auch aus den Diagrammen der Abb. 16 bis Abb. 18, in denen für die Garne 1 und 2 die nach der gravimetrischen, nach der mechanischen und nach der optischen Meßmethode erstellten Längenvariationsfunktionen einander gegenübergestellt sind. Die beiden Garne haben nach jeder Meßmethode die gleiche Ranganordnung.) Falls jedoch die optische und die gravimetrische Methode voneinander verschiedene Ergebnisse liefern, braucht dies kein Fehler der optischen Methode zu sein. Der optische Durchmesser stellt vielmehr eine wichtige selbständige, von der Masseverteilung nicht notwendig abhängige Eigenschaft eines Garnes dar.

Völlig anders ist dagegen ein Vergleich beispielsweise der kapazitiven oder der mechanischen mit der gravimetrischen Meßmethode zu beurteilen. Denn weder der komprimierte Querschnitt, noch die Kapazität eines Garnes sind eigenständige Größen, die in einem direkten Zusammenhang mit den Gewebeeigenschaften stehen. Sie sind lediglich Eigenschaften der Masse eines Garnes, zu deren Bestimmung sie herangezogen werden. Daher ist die Forderung durchaus berechtigt, daß im Gegensatz zur optischen Meßmethode die Ergebnisse der kapazitiven und der mechanischen mit den Ergebnissen der gravimetrischen Methode übereinstimmen müssen.

Leider hat sich bisher unter den zahlreichen optischen Methoden keine so weit durchsetzen können, daß sie eine weitere Verbreitung zur Bestimmung von Garnungleichmäßigkeiten gefunden hat. Da sich die gravimetrische Methode, wie es bereits dargelegt wurde, als Vergleichsbasis für Meßmethoden zur Bestimmung des optischen Garndurchmessers nicht eignet, müßte eine optische Standardmethode definiert werden. Da eine Standardmethode als Vergleichsbasis für andere Meßmethoden dienen soll, muß von ihr erwartet werden, daß sie reproduzierbare Ergebnisse liefert, die innerhalb enger Toleranzen von dem einzelnen jeweils zur Messung verwendeten Gerät unabhängig sind. Ebenso wenig dürfen die Meßergebnisse subjektiven Beeinflussungen durch die die Messungen durchführenden Personen ausgesetzt sein.

6. Zusammenfassung

In der vorliegenden Arbeit werden zunächst verschiedene Meßverfahren zur kontinuierlichen Bestimmung der Ungleichmäßigkeit eines Faserverbandes behandelt, die Unzulänglichkeiten dieser Meßmethoden aufgezeigt und die Anforderungen an ein optimal arbeitendes Gleichmäßigkeitsprüfgerät zusammengestellt. Anschließend wird ein am Institut für Textiltechnik der Technischen Hochschule Aachen neu entwickeltes fotoelektrisches Gleichmäßigkeitsprüfgerät in Aufbau und Wirkungsweise beschrieben. Der fotoelektrische Meßwertgeber arbeitet mit parallel gerichtetem Licht. Eine Doppelschlitzblende nimmt aus einem parallelen Lichtstrahl zwei Strahlenbündel heraus, von denen das eine direkt auf den zu prüfenden Faserverband trifft. Das andere Strahlenbündel tastet erst nach einer Umlenkung durch ein rechtwinkliges Prisma den Faserverband ab. Dadurch treffen die beiden Strahlenbündel den Faserverband aus zwei zueinander senkrecht stehenden Richtungen. Die Strahlenbündel werden nach der Abtastung zusammen auf einen Meß-Fototransistor geführt. Dieser ist mit einem Kompensations-Fototransistor in einer speziellen Schaltung zu einer Halbbrücke zusammengefaßt. Die Halbbrücke ist an eine Trägerfrequenzmeßbrücke angeschlossen. Die Durchmesserschwankungen eines durchlaufenden Faserverbandes verursachen eine Änderung der Beleuchtungsstärke auf dem Fototransistor. Dadurch wird die angeschlossene Meßbrücke verstimmt. Der mechanische Aufbau des Gerätes wurde mittels einer nach einem Baukastensystem zusammensetzbaren mikrooptischen Bank der Firma Spindler & Hoyer verwirklicht.

Nach einer eingehenden Prüfung wurden die mit dieser Meßeinrichtung erzielten Ergebnisse mit den nach anderen Meßmethoden gewonnenen Ergebnissen verglichen. Erwartungsgemäß lagen die nach der optischen Meßmethode gefundenen Längenvariationswerte wesentlich niedriger als die nach der mechanischen und nach der gravimetrischen Methode gefundenen Werte. Diese Tatsache ist jedoch nicht fehlerbedingt, sondern auf eine tatsächlich vorhandene Eigenschaft des optischen Garndurchmessers zurückzuführen. Der optische Durchmesser eines Garnes kann das zu erwartende Gewebeaussehen sehr wesentlich beeinflussen. Er ist eine eigenständige Garneigenschaft, die nicht notwendig mit der Masseverteilung des Garnes zu korrelieren braucht. Daher sollte auch die Güte eines optischen Meßverfahrens nicht nach dem Grad der Übereinstimmung seiner Meßergebnisse mit den Ergebnissen der gravimetrischen Methode beurteilt werden. Der Bedeutung des längenabhängigen optischen Garndurchmessers entsprechend wird die Einführung einer Standardmethode für die Bestimmung des optischen Durchmessers vorgeschlagen.

7. Literaturverzeichnis

[1] WEGENER, W., und H. PEUKER, Beziehung zwischen dem Warenbild, der $CB(L)$- und der $CB(F)$-Charakteristik. Textil-Praxis 13 (1958), 261–267, 365–371.

[2] WEGENER, W., und H. PEUKER, Die $CB(L)$-Längenvariationsfunktion. Textil-Praxis 12 (1957), 980–992.

[3] WEGENER, W., und E. G. HOTH, Die Darstellung der Ungleichmäßigkeit eines Faserverbandes. Melliand Textilber. 41 (1960), 10–15.

[4] WEGENER, W., und E. G. HOTH, Die Berechnung der idealen Längenvariationsfunktion. Melliand Textilber. 43 (1962), 1260–1263.

[5] WEGENER, W., und E. G. HOTH, Die Überlagerungsmethode zur Bestimmung der idealen Längenvariationsfunktion. Melliand Textilber. 44 (1963), 237–246.

[6] WEGENER, W., und E. G. HOTH, Umrechnungen zwischen der Spektrumsfunktion und der Längenvariationsfunktion. Melliand Textilber. 45 (1964), 611–614, 735–739, 863–867.

[7] WEGENER, W., und W. ZAHN, Prüfapparate und Methoden zur Ermittlung der Garnungleichmäßigkeit. Textil-Praxis 9 (1954), 21–25, 134–141.

[8] WEGENER, W., und H. PEUKER, Methoden und Geräte zur Ermittlung von Punkten der Längenvariationskurve $CB(L)$. Textil-Praxis 12 (1957), 1183–1191.

[9] WEGENER, W., und E. HAASE-DEYERLING, Entwicklung und Bau eines vollautomatischen Faserlängenprüfgerätes (Stapelprüfgerät) auf kapazitiver Grundlage, Erprobung dieses Gerätes und Vergleich mit den bislang üblichen Verfahren auf manueller Basis. Forschungsbericht des Wirtschafts- und Verkehrsministeriums Nordrhein-Westfalen Nr. 633. Westdeutscher Verlag Köln und Opladen 1958.

[10] LOCHER, H., Die Messung der Ungleichmäßigkeit des Substanzquerschnittes von Bändern, Vorgarnen und Garnen mit Hilfe des Hochfrequenz-Kondensatorfeldes. Textilrundschau 8 (1963), 70–80.

[11] WALKER, P. H., The electric measurement of sliver, roving, and yarn irregularity, with special reference to the use of the fielden bridge circuit. J. Textile Inst. 41 (1950), P 446–466.

[12] HEARLE, J. W. S., Capacity, dielectric constant, and power factor of fiber assemblies. Text. Res. J. 24 (1954), 307–321.

[13] FOSTER, G. A. R., The effect of moisture upon the accuracy of capacity-type regularity testers. J. Textile Inst. 48 (1957), T 109–127.

[14] WEGENER, W., und R. GUSE, Vergleich von Meßkondensatoren unterschiedlicher Bauart für die kapazitive Bestimmung der Ungleichmäßigkeit von Faserverbänden. Forschungsbericht des Landes Nordrhein-Westfalen Nr. 1974. Westdeutscher Verlag Köln und Opladen 1968.

[15] WEGENER, W., und G. EGBERS, Ungleichmäßigkeitsuntersuchungen des komprimierten Querschnitts von Faserverbänden. Spinner Weber Textilveredlung 85 (1967), 673–684.

[16] WEGENER, W., und G. EGBERS, Der Durchmesser, ein Merkmal der Garnungleichmäßigkeit, und seine Auswirkung auf das Gewebeaussehen. Forschungsbericht des Landes Nordrhein-Westfalen Nr. 1651. Westdeutscher Verlag Köln und Opladen 1966.

[17] BARKER, S. G., und G. R. STANBURY, A photoelectric method for measuring the levelness of yarn. J. Textile Inst. 19 (1928), T 405.

[18] STANBURY, G. R., Some further notes on the photoelectric method of measuring yarn levelness. J. Textile Inst. 22 (1931), T 385–399.

[19] VIVIANI, E., Titerregelmäßigkeit von Gespinsten, ihre Bestimmung und Bedeutung. Die Kunstseide 13 (1931), 281–321.

[20] FRANZ, E., und H. J. HENNING, Über die Messung der Gleichmäßigkeit von Kammgarnen und Vorgarnen mit der Photozelle. Melliand Textilber. 16 (1935), 710–712, 761–765.

[21] CHAMBERLAIN, N. H., A general purpose photoelectric photometer and its use in textile laboratories. J. Textile Inst. 35 (1944), T 61–76.

[22] ONIONS, W. J., J. PICKERING und W. STABLES, A comparison of some methods of measuring yarn irregularity. J. Textile Inst. 41 (1950), P. 480–485.

[23] MATTHEW, J. A., N. B. RAJCHENBAUM und J. L. SPENCER-SMITH, A review of methods of measuring the irregularity of flax roves and yarns. J. Textile Inst. 41 (1950), P 486–500.

[24] BARELLA, A., Evolution des procédés de mesurage de la régularité de diamètre apparent des fils. Ann. Sci. Text. Belges 4 (1956), No. 3, 62.

[25] BANERJEE, B. L., und M. K. SEN, The measurement and analysis of the irregularity of jute yarn. J. Textile Inst. 46 (1955), P 742–755.

[26] STEIN, H., Qualitätsüberwachung in der textilen Fertigung. Textil-Praxis 8 (1953), 312–318.

[27] GRÜNER, H., Über ein neues optisches Verfahren zur Gleichmäßigkeitsprüfung am laufenden Faden. Faserforschung und Textiltechn. 3 (1952), 182–184.

[28] NATUS, D., Ein photoelektrischer Gleichmäßigkeitsprüfer für laufende Fäden, Garne u. dgl. Faserforschung u. Textiltechn. 3 (1952), 311–322.

[29] KAWATA, S., und K. SEGAWA, A device for examination of thickness of a running thread. Test. Res. J. 23 (1953), 643/644.

[30] FRIEDEMANN, W., Optische Gleichmäßigkeitsprüfung am laufenden Faden. Deutsche Textiltechnik 8 (1958), 152, 173.

[31] KAWASAKI, K., Some morphological characteristics of textured yarns. Part 1. A photo-electric method measuring yarn bulkness and fiber distribution in yarn. J. Soc. Text. Cell. Ind. Japan 17 (1961), 2.

[32] WEGENER, W., Die Registrieranlage Aachen. Melliand Textilber. 46 (1965), 525–532.

[33] WEGENER, W., Die Mehrfach-Summations- und Auswertanlage Aachen II. Melliand Textilber. 46 (1965), 1284–1292.

[34] WEYRES, TH., und O. BRANDT, Einführung in die Optik. Techn. Verlag Herbert Cram, Berlin 1951.

[35] HODAM, F., Technische Optik. VEB-Verlag Technik, Berlin 1965.

[36] GRAVE, H. F., Elektrische Messung nichtelektrischer Größen. Akadem. Verlagsgesellsch. Frankfurt a. M. 1965.

[37] NEUMANN, M. P., Photoelektronik. Frank'sche Verlagshandlung, Stuttgart 1963.

[38] SCHLEGEL, H. R., Der Transistor. C. F. Winter'sche Verlagshandlung, Prien/Chiemsee 1961.

[39] MEINKE, H., und F. W. GUNDLACH, Taschenbuch der Hochfrequenztechnik. Springer-Verlag, Berlin-Göttingen-Heidelberg 1962.

[40] WEGENER, W., und H. PEUKER, Die Beziehung zwischen der Garnungleichmäßigkeit und dem Warenbild textiler Flächengebilde. Forschungsbericht des Landes Nordrhein-Westfalen Nr. 1002. Westdeutscher Verlag Köln und Opladen 1961.

[41] TOWNSEND, M. W., Measurement of Yarn Irregularity. J. Text. Inst. 42 (1951), P 12–19.

[42] BARELLA, A., Du rapport existant entre les divers paramètres de la valeur technique d'un fil. L'Industrie Textile 810 (1954), 321–323.

[43] VAN ISSUM, B. E., und N. H. CHAMBERLAIN, The free diameter and specific volume of textile yarns. J. Text. Inst. 50 (1959), T 599–623.

[44] HAMILTON, J. B., A direct method for measuring yarn diameters and bulk densities under conditions of thread flattening. J. Text. Inst. 50 (1959), T 655–672.

Anhang

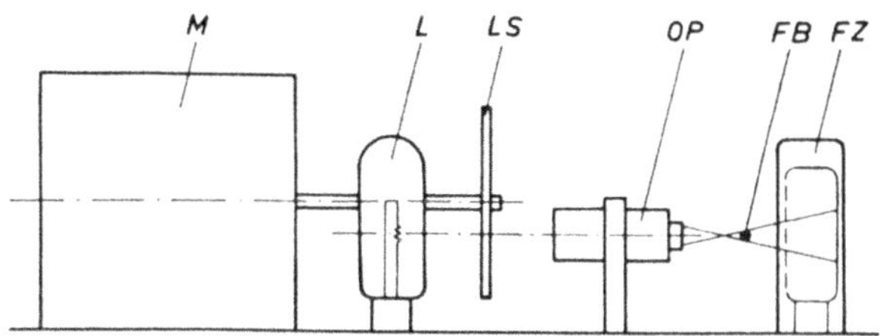

Abb. 1   Prinzipskizze des fotoelektrischen Garndickenmeßgerätes »Liphograph«, Type
PGM III der Firma Drello, Mönchengladbach

M Motor OP Optik
L Lampe FB Faserverband
LS Lochscheibe FZ Fotozelle

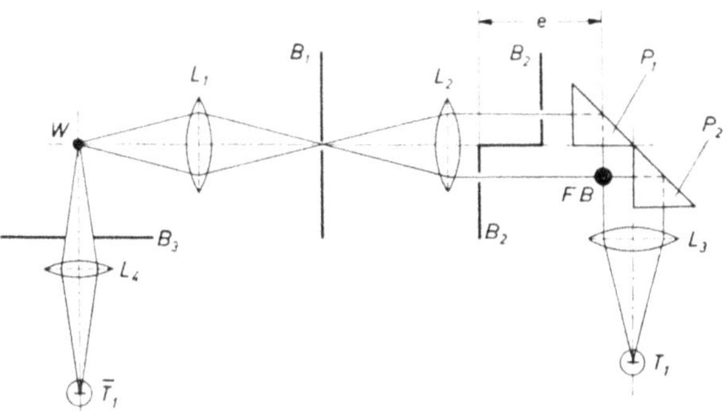

Abb. 2   Aufbau und Strahlengang des neuen fotoelektrischen Meßwertgebers

W Wendel der Lampe $T_1, \bar{T}_1$ Fototransistoren
L_1–L_4 Linsen P_1, P_2 Prismen
B_1 einfache Schlitzblende FB Faserverband
B_2 Doppelschlitzblende e Abstand des Faserverbandes von
B_3 Irisblende   der Doppelschlitzblende

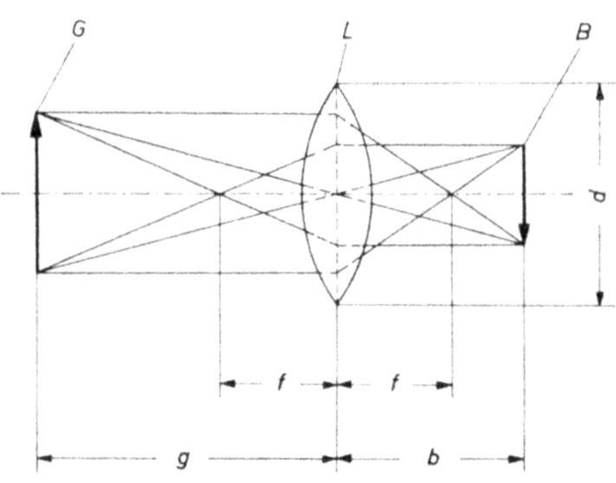

Abb. 3   Strahlengang einer Konvexlinse

G Gegenstand f Brennweite
B Bild g Gegenstandsweite
L Linse b Bildweite
d Linsendurchmesser

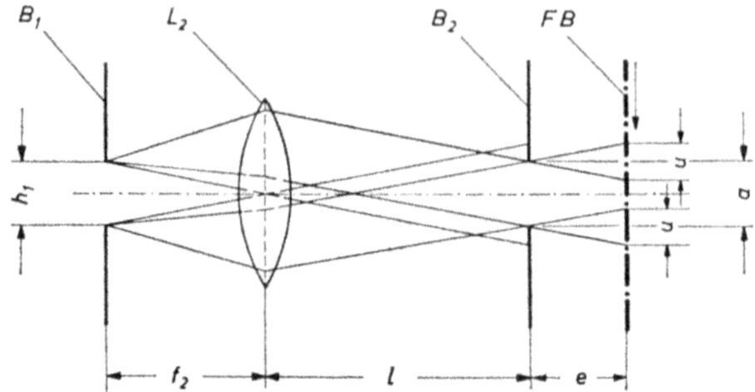

Abb. 4 Strahlengang der Linse L_2 unter Berücksichtigung der Strahlen, die den Unschärfebereich u begrenzen

B_1, B_2	Blenden	a	Abtastlänge
L_2	Linse	f_2	Brennweite der Linse L_2
FB	Faserverband	l	Abstand der Linse L_2 von der Doppel-
h_1	Schlitzhöhe der Blende B_1		schlitzblende B_2
u	Unschärfebereich	e	Abstand des Faserverbandes von der
			Doppelschlitzblende B_2

Der Strahlengang ist aus Gründen der Übersichtlichkeit nur für einen Schlitz der
Doppelschlitzblende B_2 dargestellt

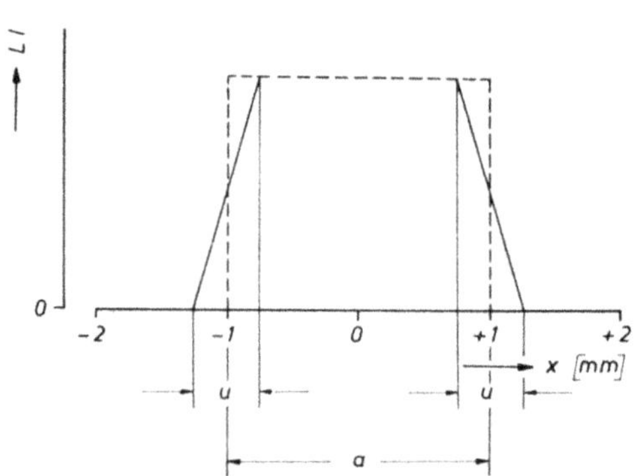

Abb. 5 Meßfeld des fotoelektrischen Meßwertgebers
Lichtintensität an der Abtaststelle (am Faserverband), aufgetragen über der sich in
Richtung der Faserverbandsachse erstreckenden Variablen x
a Abtastlänge u Unschärfebereich LI Lichtintensität

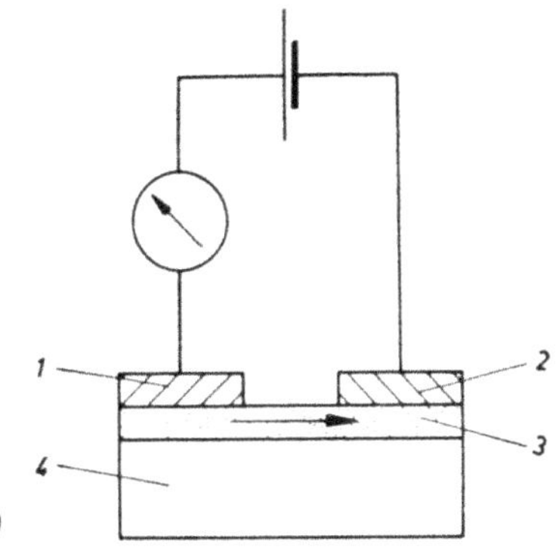

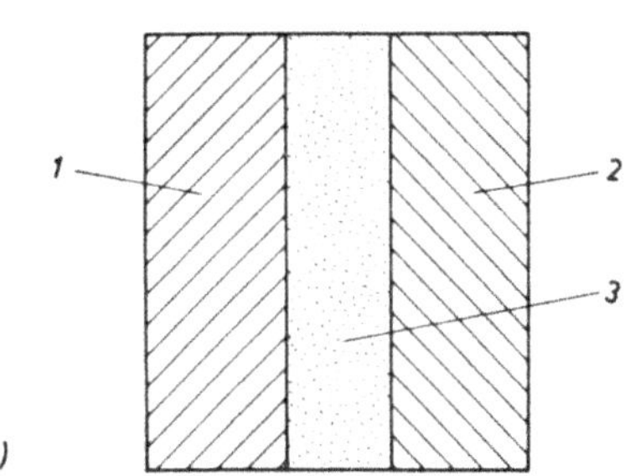

Abb. 6   Fotowiderstand

    a)   Querschnitt mit Schaltschema   1, 2 Elektroden
    b)   Aufsicht   3   lichtempfindliche Halbleiterschicht
                                        4   Glasplatte

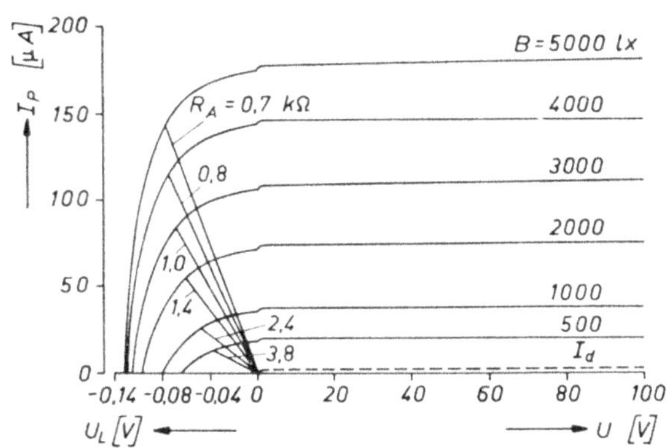

Abb. 7   Kennlinienfeld der Fotodiode TP 50

    U an die Fotodiode angelegte Fremdspannung I_d Dunkelstrom
    U_L Leerlaufspannung der Fotodiode R_a Belastungswiderstand
    I_p Fotostrom B Beleuchtungsstärke

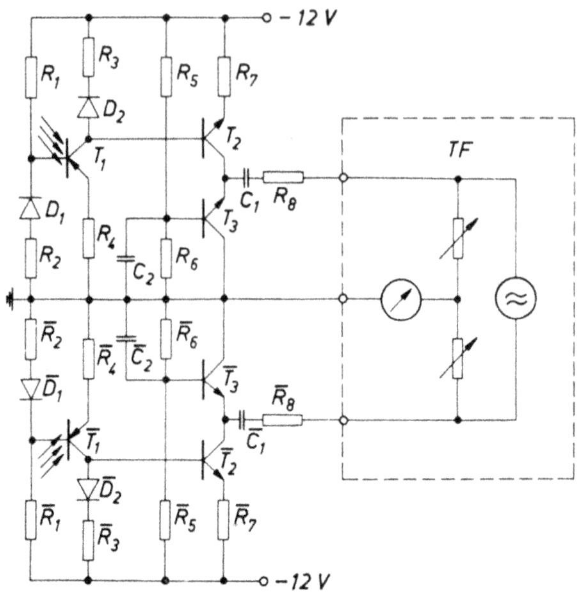

Abb. 8 Schaltbild des fotoelektrischen Meßwertgebers in der Zusammenschaltung mit der Trägerfrequenzmeßbrücke

TF	Trägerfrequenzmeßbrücke
$T_1, \bar{T}_1$	Fototransistoren
$T_2, T_3, \bar{T}_2, \bar{T}_3$	npn-Silizium-Transistoren
$D_1, D_2, \bar{D}_1, \bar{D}_2$	Dioden
R_1–R_8, $\bar{R}_1$–$\bar{R}_8$	Widerstände
$C_1, C_2, \bar{C}_1, \bar{C}_2$	Kondensatoren

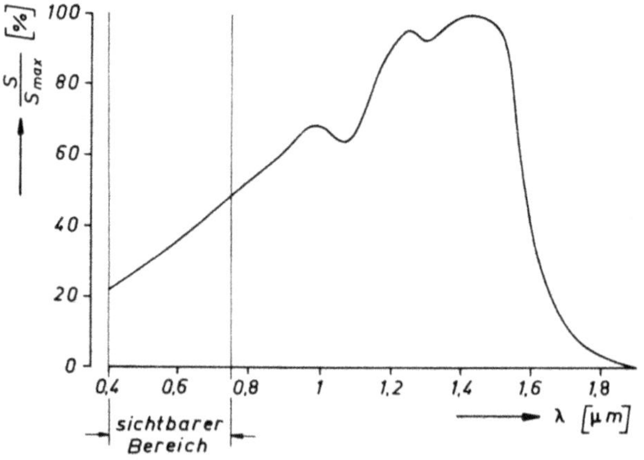

Abb. 9 Relative spektrale Empfindlichkeit $\dfrac{S}{S_{max}}$ des Fototransistors OCP 70

λ Lichtwellenlänge

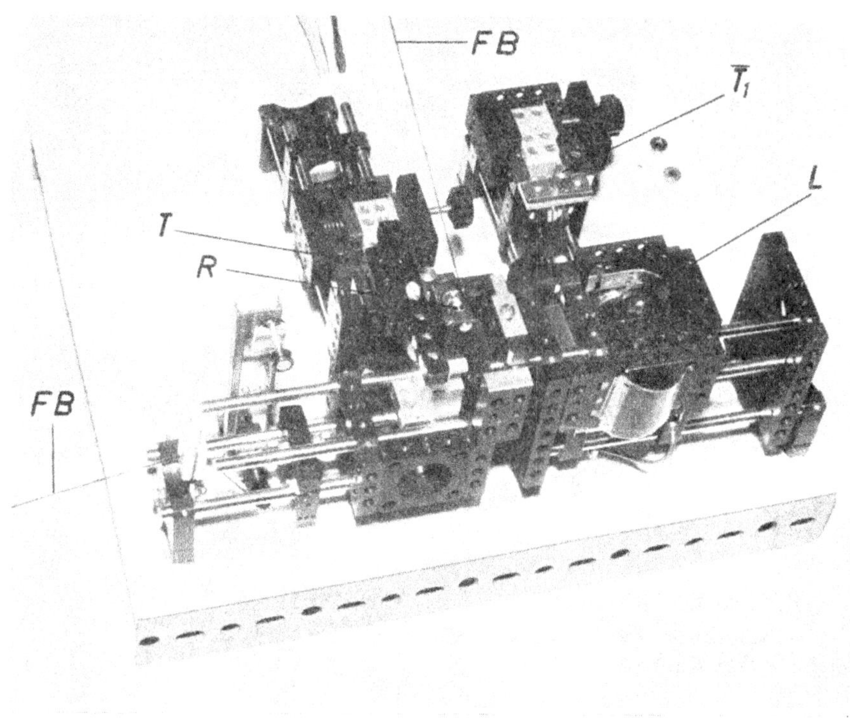

Abb. 10 Das neue fotoelektrische Gleichmäßigkeitsprüfgerät
  L Lampe   *R* Rolle
  T_1 Meß-Fototransistor   *FB* Faserverband
  $\bar{T}_1$ Kompensations-Fototransistor

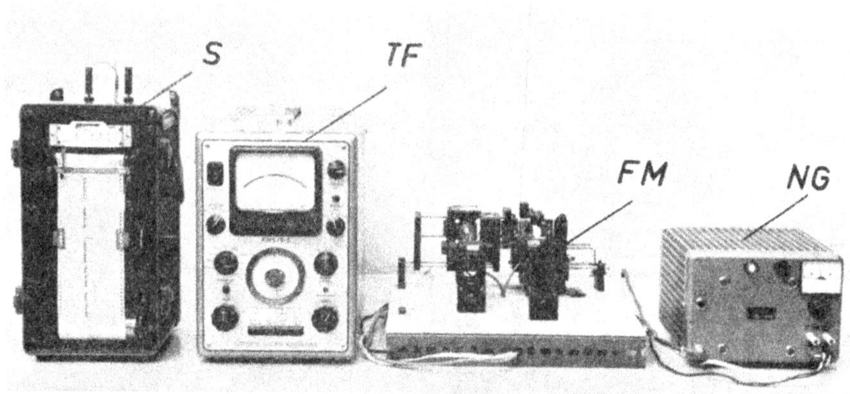

Abb. 11 Zusammenstellung der Geräte zur fotoelektrischen Gleichmäßigkeitsprüfung
  NG Netzgerät   *FM* fotoelektrischer Meßwertgeber
  TF Trägerfrequenzmeßbrücke   *S* Schreiber

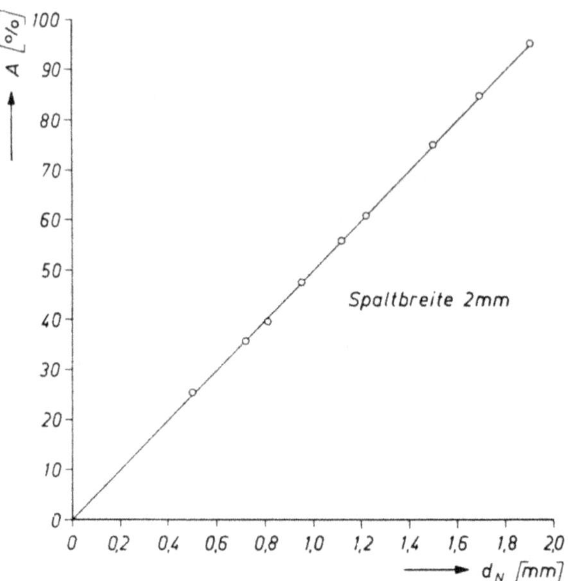

Abb. 12 Eichkurve des neuen fotoelektrischen Meßwertgebers
A [%] Anzeige d_N [mm] Nadeldurchmesser

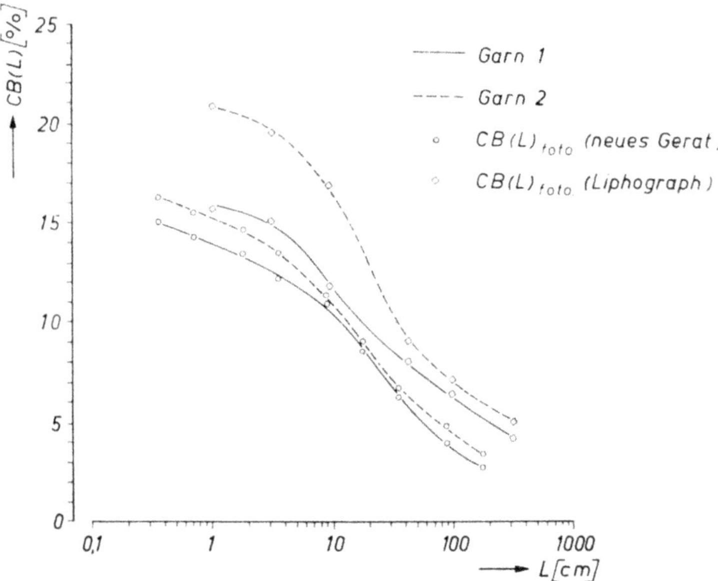

Abb. 13 Längenvariationsfunktionen $CB(L)$ zweier Garne jeweils bei Abtastung mit dem
fotoelektrischen Garndickenmeßgerät »Liphograph« der Firma Drello, Mönchengladbach, und mit dem neuen fotoelektrisch arbeitenden Meßwertgeber
Die Vertrauensbereiche der Meßpunkte für eine statistische Sicherheit von 95%
sind kleiner als die Abmessungen der Punktemarkierungen
L [cm] effektive Abtastlänge

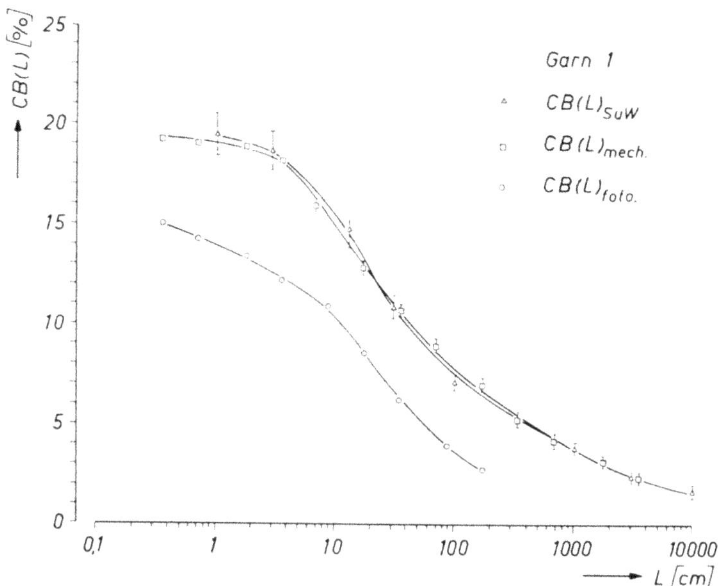

Abb. 14 Längenvariationsfunktion des Garnes 1, ermittelt nach der Methode des Schneidens und Wiegens [$CB(L)_{SuW}$], durch die mechanische Messung des komprimierten Querschnittes mit dem Pacific Evenness Tester [$CB(L)_{mech}$] und durch die fotoelektrische Abtastung mit dem neuen fotoelektrischen Meßwertgeber [$CB(L)_{foto}$]
L [cm] effektive Abtastlänge
Soweit die Vertrauensbereiche eingezeichnet sind, gelten sie für eine statistische Sicherheit von 95%
Die nicht eingezeichneten Vertrauensbereiche sind kleiner als die Abmessungen der Punktemarkierungen
(Diese Angaben über die Vertrauensbereiche gelten für die Abb. 13–18)

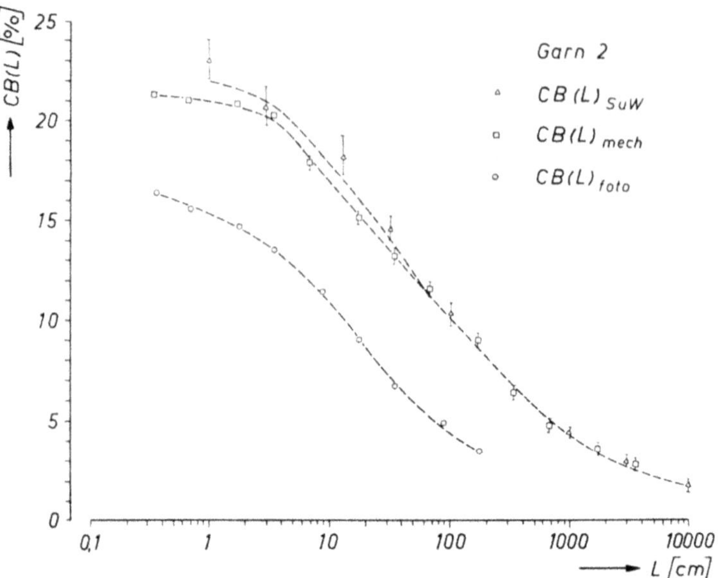

Abb. 15 Längenvariationsfunktion des Garnes 2, ermittelt nach der Methode des Schneidens und Wiegens [$CB(L)_{SuW}$], durch die mechanische Messung des komprimierten Querschnittes mit dem Pacific Evenness Tester [$CB(L)_{mech}$] und durch die fotoelektrische Abtastung mit dem neuen fotoelektrischen Meßwertgeber [$CB(L)_{foto}$]
L [cm] effektive Abtastlänge

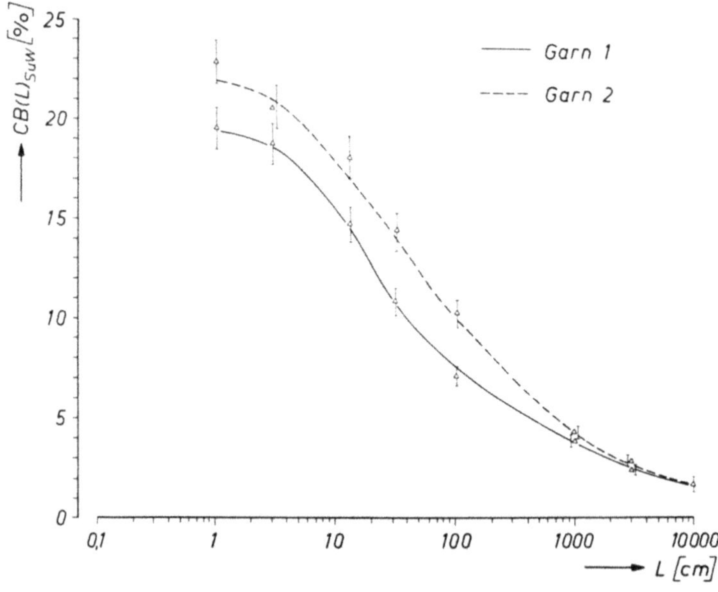

Abb. 16 Nach der Methode des Schneidens und Wiegens aufgenommene Längenvariationsfunktion $CB(L)_{SuW}$ der Garne 1 und 2
L [cm] effektive Abtastlänge

28

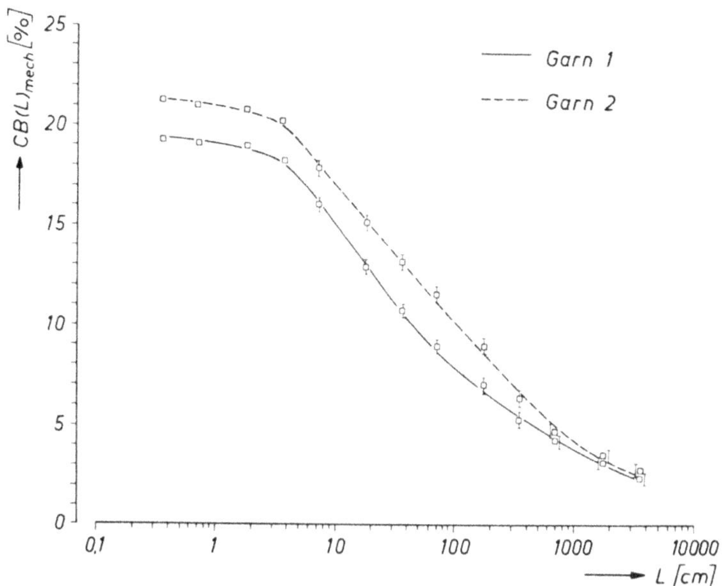

Abb. 17 Durch die mechanische Messung des komprimierten Querschnittes mit dem Pacific Evenness Tester ermittelte Längenvariationsfunktion $CB(L)_{mech}$ der Garne 1 und 2
L [cm] effektive Abtastlänge

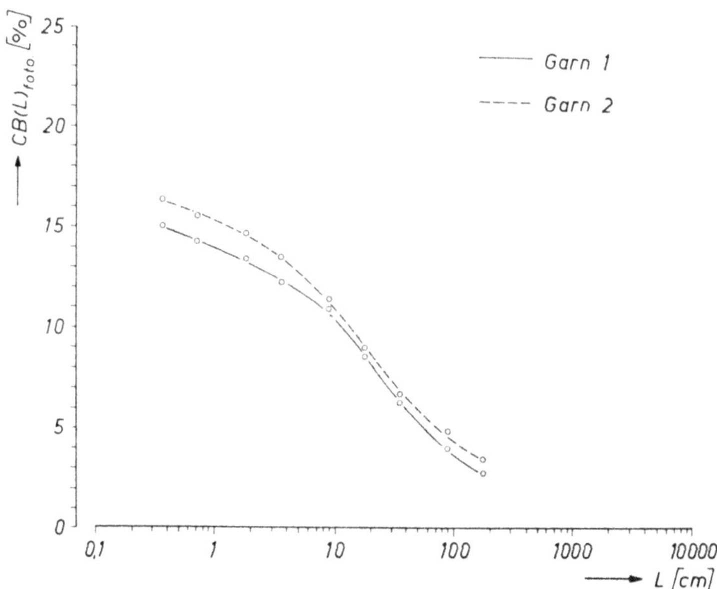

Abb. 18 Mit dem neuen fotoelektrischen Meßwertgeber aufgenommene Längenvariationsfunktion $CB(L)_{foto}$ der Garne 1 und 2
L [cm] effektive Abtastlänge

Forschungsberichte
des Landes Nordrhein-Westfalen

Herausgegeben im Auftrage des Ministerpräsidenten Heinz Kühn
von Staatssekretär Professor Dr. h. c. Dr. E. h. Leo Brandt

Sachgruppenverzeichnis

Acetylen · Schweißtechnik

Acetylene · Welding gracitice
Acétylène · Technique du soudage
Acetileno · Técnica de la soldadura
Ацетилен и техника сварки

Arbeitswissenschaft

Labor science
Science du travail
Trabajo científico
Вопросы трудового процесса

Bau · Steine · Erden

Constructure · Construction material ·
Soil research
Construction · Matériaux de construction ·
Recherche souterraine
La construcción · Materiales de construcción
Reconocimiento del suelo
Строительство и строительные материалы

Bergbau

Mining
Exploitation des mines
Minería
Горное дело

Biologie

Biology
Biologie
Biologia
Биология

Chemie

Chemistry
Chimie
Quimica
Химия

Druck · Farbe · Papier · Photographie

Printing · Color · Paper · Photography
Imprimerie · Couleur · Papier · Photographie
Artes gráficas · Color · Papel · Fotografía
Типография · Краски · Бумага · Фотография

Eisenverarbeitende Industrie

Metal working industry
Industrie du fer
Industria del hierro
Металлообрабатывающая промышленность

Elektrotechnik · Optik

Electrotechnology · Optics
Electrotechnique · Optique
Electrotécnica · Optica
Электротехника и оптика

Energiewirtschaft

Power economy
Energie
Energía
Энергетическое хозяйство

Fahrzeugbau · Gasmotoren

Vehicle construction · Engines
Construction de véhicules · Moteurs
Construcción de vehículos · Motores
Производство транспортных · Средств

Fertigung

Fabrication
Fabrication
Fabricación
Производство

Funktechnik · Astronomie

Radio engineering · Astronomy
Radiotechnique Astronomie
Radiotécnica · Astronomía
Радиотехника и астрономия

GPSR Compliance
The European Union's (EU) General Product Safety Regulation (GPSR) is a set
of rules that requires consumer products to be safe and our obligations to
ensure this.

If you have any concerns about our products, you can contact us on

ProductSafety@springernature.com

In case Publisher is established outside the EU, the EU authorized
representative is:

Springer Nature Customer Service Center GmbH
Europaplatz 3
69115 Heidelberg, Germany